KB139505

더 센스

The Senses

Text and illustrations © Matteo Farinella, 2017

Originally published in the English launguage as "The Senses © Nobrow Ltd. 2017"

All rights reserved.

This Korean edition was published by arrangement with Nobrow Ltd., through Shinwon Agency Co.

Korean Translation Copyright © Green Knowledge Publishing Co., 2017

THE SENSES

뇌신경과학자의 감각 탐험기

마테오 파리넬라 글·그림

황승구 옮김 정수영 감수

푸른
지식

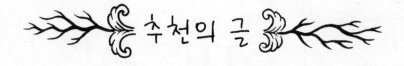

감각은 나와 세상을
알아가는 수단이다

지금 제 세상은 바로 이렇습니다. 앞에는 컴퓨터 모니터가 있고, 뒤에는 마당이 창문으로 보입니다. 마우스를 움직이고 자판을 치는 손가락으로 키보드와 마우스의 촉감, 그리고 누를 때 증가하는 압력을 느끼고 있습니다. 키보드를 딸각딸각 누르는 소리와 함께 강아지들이 마당에서 종횡무진 달리느라 내는 발소리와 가끔 지르는 즐거운 비명이 들립니다. 이따금 오른편에 놓인 컵을 들고 따스한 커피의 맛과 향을 한 모금씩 음미하기도 합니다. 지금 저는 집에서 글을 쓰는 중입니다.

그러고 보니 주변 세상에 관해 제가 알고 있는 것 대부분이 눈, 귀, 코, 혀, 피부로 느낀 것들이네요. 감각은 우리가 세상을 알아가는 수단입니다. 눈으로 보고, 귀로 세상의 소리를 들으며, 코로 세상의 냄새를 맡고, 혀로 세상에 있는 음식의 맛을 보고, 피부로 몸 안과 밖의 세상을 느끼죠. 눈, 귀, 코, 혀, 피부와 같은 감각기관은 빛, 음파, 화학물질, 진동이나 온도와 같은 세상의 물리적 에너지를 뇌의 언어로 바꾸어줍니다. 이 언어가 대뇌로 전달되어야 비로소 세상을 경험하는 거죠. 세상에 관한 지식뿐 아니라 고차원적 사고능력도 감각과 지각으로 이루어지는 경우가 많습니다. '나'에 대한 개념, 즉 '자아' 개념을 살펴봅시다. '나'라고 하는 사람은 작은 키에 짧은 머리를 하고 청바지를 즐겨 입으며, 먹는 것을 좋아하는 통통한 중년의 여자입니다. 여기에 성질이 좀 급하고 강아지를 무척 예뻐하고 숲을 사랑한다는 점을 더하면 바로 저입니다. '나'의 자아를 구성하는 여러 특징 중 외모뿐 아니라 추상적인 것조차도 마음속에서 시각적으로 떠오르는 것 같지 않으세요? '숲속에 앉아 강아지들과 함께 휴식을 취하는 나' 또는 '참지 못하고 엄마에게 짜증을 내는 나'같이요. 만일 '나'의 자아 개념에서 감각적인 부분을 빼고 나면 무엇이 남을지 잘 상상이 가지 않을 정도예요. 학습, 기억, 주의집중, 의사결정, 예술성 등 다른 고차원적 사고능력도 마찬가지입니다.

이 책은 우리의 감각 체계에서 일어나는 일들을 쉽고 재미있게 그림과 이야기로 풀어낸 그래픽 북입니다. 증강 가상현실 장비의 개발자 다이앤은 자신의 장비를 실험하다가 환상적인 감각의 세계로 들어가게 되지요. 먼저 아가의 발달과 성장에 가장 큰 역할을 하는 피부감각에서 출발하여, 가장 먼저 진화했다고 하는 화학적 감각인 미각과 후각, 언어 사용에 중요한 청각, 그리고 마지막으로 사람이 느끼는 전체 감각의 70퍼센트 이상을 차지한다고 하는 시각으로 여행을 하게 됩니다. 그 과정에서 감각기관, 감각 신경세포의 활동, 감각 정보가 뇌로 전달되는 경로에 관한 지식을 얻고, 흥미로운 감각 현상에 대한 답을 얻게 됩니다. 그래서 여러분들도 이 책으로 여행을 마치면 아래와 같은 질문에 답을 할 수 있을 거예요.

- 왜 다친 부분을 손으로 문지르면 덜 아플까?
- 매운맛은 다섯 가지 감각 중 어떤 감각일까?
- 왜 개는 사람보다 냄새를 더 잘 맡을까?
- 절대음감이란 무엇일까?
- 시각세포가 주로 대비에 반응하는 이유는 무엇일까?
- 맹시란 무엇일까?

자, 그럼 이제 다이앤을 길라잡이로 하여, 오감의 환상적인 세계로 함께 떠나볼까요? 즐거운 여행이 되기를 바랍니다.

2017년 12월

정수영 (한국과학기술연구원 뇌과학연구소 선임연구원)

PROLOGUE

프롤로그

새로운 설치 성공

아무튼 30분만 더 있다 갈게.
새로운 프로그램을 시험해야하거든.
그런 다음에 너랑 친구들과 함께 시간을 보낼게,
약속해······

모의실험
준비

촉각
TOUCH

● Nerve ending, 신경 섬유의 끝부분으로 감각을 받아들이는 수용체. — 옮긴이 주

그리고 태어나서 최초로 활성화되는 감각이기도 해.●

아기를 어루만져 주면 성장에 중요한 역할을 하는 화학물질이 분비되지.

미숙아의 체중을 늘리는 데도 마사지 요법이 효과적이라고.

!?

주절주절…… 불행하게도 인간은 특히 촉각이 발달하지 않았어.

털도 거의 없어졌고.

게다가 콧수염은 제대로 진화한 적도 없단 말이야.

주 참고.
● 시각 등 모든 감각이 태어나면서부터 활성화되지만, 촉각은 생애 초기 신체 및 정서 발달에서 중요한 감각이다.─ 감수자 주

인간의 털은 포유동물 대부분에 있는 특별한 털인 **콧수염**과 비교하면
상당히 원시적이야. 콧수염은 신경 자극을 훨씬 많이 받고, 더 자유롭게 움직이지.
그리고 아주 미세한 질감을 자세히 구별할 수 있어.

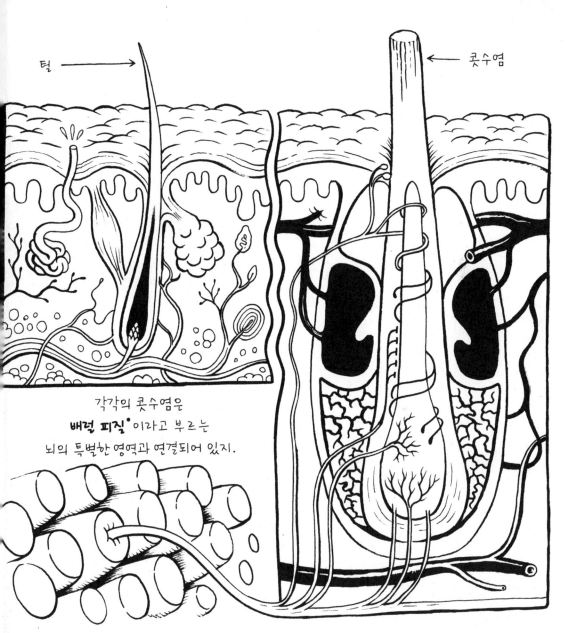

털 ⟶

⟵ 콧수염

각각의 콧수염은
배럴 피질*이라고 부르는
뇌의 특별한 영역과 연결되어 있지.

Barrel cortex, 많은 술통이 포개져 있는 구조로, 한 재의 술통은 한 개의 콧수염에 의해 반응한다. 배럴은 콧수염과 같은 배열로 포개어져 있다. ─ 감수자 주

아주 좋은 질문이야. 왜 인간에게 털이 없는지 확실히 아는 사람은 아무도 없어.
여러 가지 학설이 있어. 가장 터무니없는 주장은 인간이 진화하면서
반수생 단계*를 거쳤는데,
물하고 마찰을 줄이려다가 털이 사라졌다는 거야.

* Semi-aquatic phase

주 참고.

하지만 가장 그럴듯한 학설은 옛날에 우리가 숲의 그늘을 벗어났을 때
체온을 조절하려면 땀을 더 흘려야 했기 때문이래.

끔찍한 기생충을 피하려고 우리 몸의 털이 사라졌다는 또 다른 학설도 나왔어.

그리고 성선택**으로
피부는 건강을 나타내는 징표가 되었지.

요즘 사람들이
제모에 집착하는 이유도 설명되지.

●● Sexual Selection

25

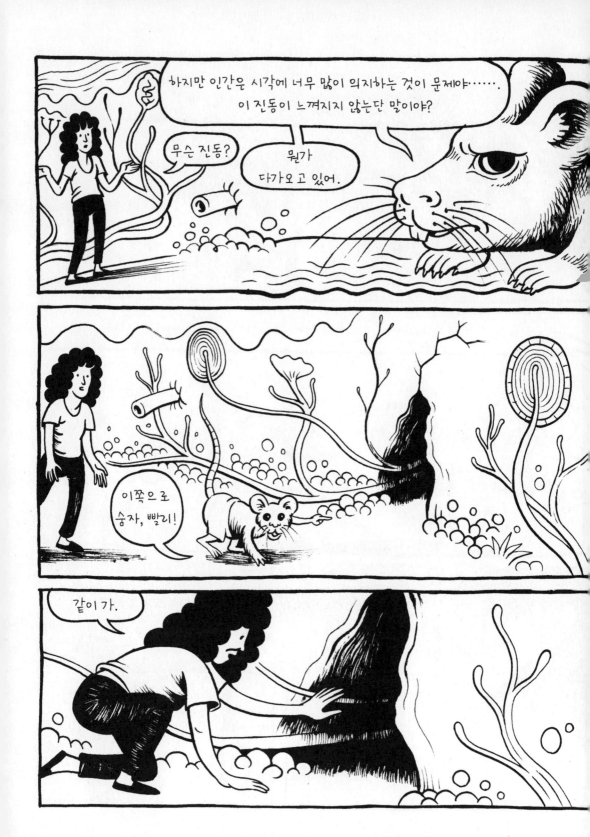

아무것도 안 보여.

이 동굴은 점점 커지네.

!?

으하하

뭐지?

허허! 그만! 간지러워요!

난 자극에 아주 민감하답니다.

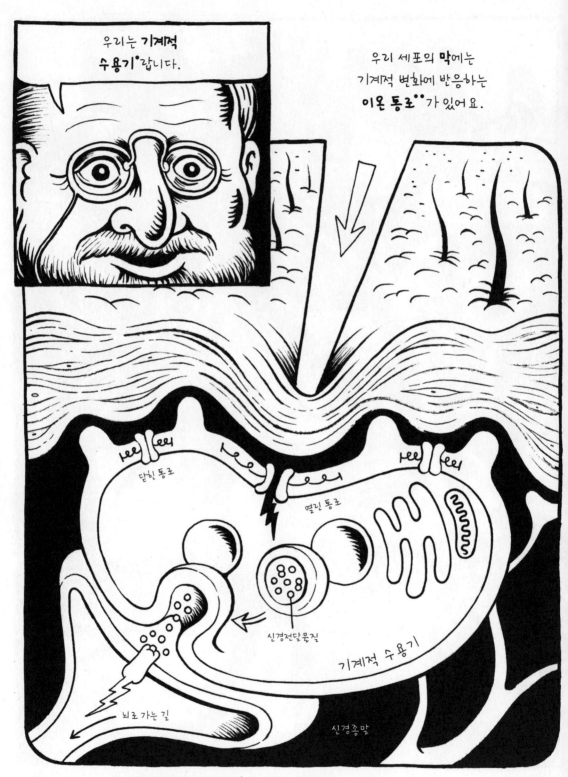

● Mechanoreceptor, 피부에 가해지는 압력이나 진동에 의한 촉감을 수용한다.— 감수자 주
●● Ion channel, 각각의 세포는 세포 내부와 외부를 분리하는 세포막에 둘러싸여 있는데, 이러한 세포막에는 전하를 띤 입자, 즉 양이온이나 음이온이 드나
들 수 있도록 해주는 터널 형태의 통로가 있다. 이것을 이온 통로라고 한다.— 옮긴이 주

내 이름은 **메르켈 소체***입니다. 내 '촉각' 수용기는 압력과 질감을 감지해요.

• Merkel corpuscle

마이스너의 소체**는 피부에 새롭고 가벼운 접촉에 반응하고 그리고 빠르게 순응해요(옷을 입고 그 감촉을 바로 잊어버리는 것처럼 말이에요).

•• Meissner

파시니*의 '얇은 막' 수용기는 센 압력에 반응해요.

꾹

••• Pacini

그리고 **루피니****의 '둥글납작한' 수용기는 압력 변화와 뒤틀림에 반응해요

쭉

•••• Ruffini

그러면 신경종말은 모든 정보를 **척수**로 보내고,
척수는 다시 뇌의 중계국이라 할 수 있는 **시상**으로 정보를 전달해요.

시상은 그 신호를 피질의 해당 감각 영역으로 전달해요.
궁극적으로 감각 피질에서 가장 적절한 반응을 결정하고, 운동신경을 활성화하지요.

이걸 **반사작용**이라고 해요.
반사작용은 관절 인대에 있는 특별한 기계적 수용기 때문에 일어나는데,
주로 통각에 반응하면서 나타나요.

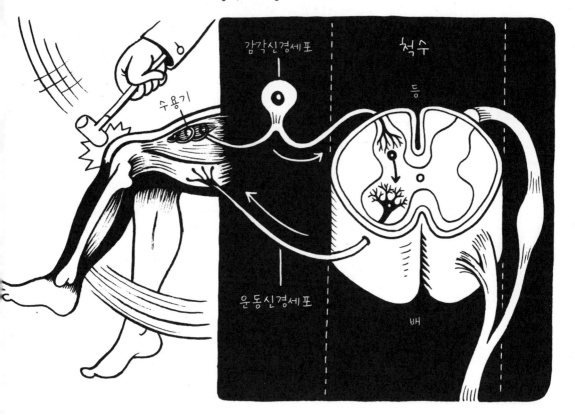

그런데 **통증**은 어떻게 느끼나요?

아, 아픔을 느끼는 특별한 수용기가 있어요. **통각수용기**라고 하죠.

왜 서로 싸우는 거죠?

지금 **외측 억제**°를 훈련하고 있어요.

° Lateral inhibition

자극을 받으면 촉각 수용기는   주변의 수용기를 억제해요.

그래서 다친 부분을 문지르면   상처 주변을 자극해서 수용기가
통증이 가라앉지요.   통증 정보를 보내지 못하게 억제하는 거예요.

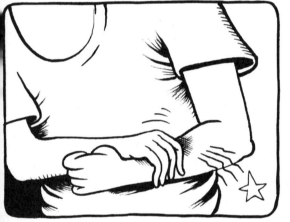

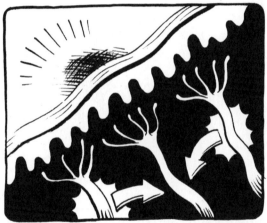

하지만 일부 통각수용기만   다른 수용기는 온도에 반응하지요.
압력에 반응해요.

완전히 다른 계열의 수용기가 있어요.
바로 **화학수용기**랍니다.
피부가 찢어지거나 위험한 물질에 닿으면 뇌에 경고해요.

네, 정말 궁금해요.

정말 놀라워!
실제같이 느껴져.

올라가서
한번
봐야겠어요.

미각

TASTE

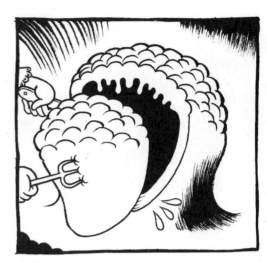

쓱
쓱

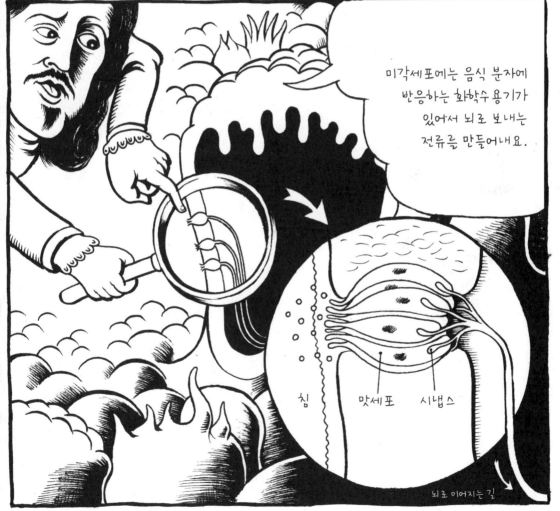

뇌로 이어지는 길

47

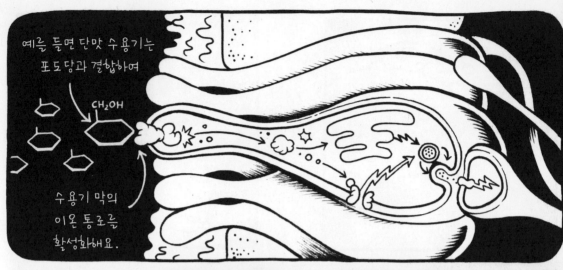

예를 들면 단맛 수용기는
포도당과 결합하여

CH_2OH

수용기 막의
이온 통로를
활성화해요.

그래, 단맛!

!?

달콤한 맛!

전부 단맛으로 바꿔버리자.

아, 이런……

저건 누구죠?

이 녀석은 **미라큘린°**이에요. 딸기류가 만들어내는 단백질이에요. 그 자체로는 달지 않은데, 단맛 수용기에 결합하여 신맛에 반응하게 만들어요 (신맛을 단맛으로 느끼게 되지요).

● Miraculin

그리고 가장 나쁜 점은 그 맛이 상당히 오래간다는 겁니다.

음, 그건 좋은 점 아닌가요.

아니, 그렇지 않아요. 쓴맛과 신맛은 불쾌한 감각이지만, 대단히 중요합니다.

쓴맛과 신맛이 발달한 덕분에 우리는 해로운 음식을 피할 수 있게 된 거죠.

아무래도 혀의 '쓴맛' 영역을 과소평가했던 것 같군요.

이런, '**영역**' 같은 건 없어요! 그건 오래된 통념일 뿐이에요. 각 맛에 반응하는 수용기들이 입안 전체에 있다구요.

심지어 어떤 미뢰에는 여러 가지 맛을 느끼는 수용기가 있어요.

그리고 요리를 발명한 이후로 우리는 날것을 더는 먹지 않아요. 실제로 가장 인기 있는 조리법은 다섯 가지 맛이 조화를 이루는 경우가 많아요.

주 참고.

● 池田菊苗, 1864～1936년.

1908년에 나는 일본의 전통 음식인 다시맛국을 먹다가 감칠맛을 발견했지요.

단순히 짠맛이나 단맛도 아니었고, 그렇다고 쓴맛이나 신맛도 아니었습니다.

맛있군.

그래서 다시마의 성분을 연구하기로 했어요.

그리고 반년 뒤에 성분의 비밀을 알아냈습니다.

그게 뭐였죠?

바로 글루타메이트*입니다.

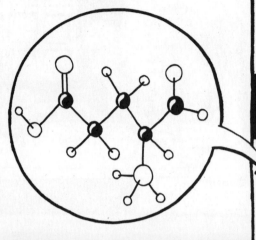

고기와 치즈, 토마토, 그리고 지금껏전 세계 여러 사람들이 즐겨온 여러 맛있는 음식에서 발견된 아미노산의 한 종류죠.

하지만 과학계가 글루타메이트 수용기를 발견하고, 네 가지 맛 패러다임을 버리는 데 거의 100년이 걸렸습니다.

그렇지만 감칠맛을 느낀다는 최고의 증거는 이 맛있는 국 속에 있지요. 한번 먹어봐요.

으음, 간식으로 먹어볼까...

● Glutamate, 단백질에서 추출한 글루탐산의 나트륨염으로 음식의 맛을 향상시키는 조미료.- 옮긴이 주

54

글루타메이트도 중요한 **신경전달물질**이라는
사실을 잊지 말아야 해요.

처음 MSG*를 먹기 시작했을 때, 일부 미국인은 이상
한 증상을 호소했어요(중국음식점증후군이라고 해요).

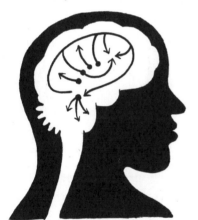

혈뇌관문은 소화된
글루타메이트가 뇌에 도달하지
못하게 잘 막아준답니다.
과거의 MSG 공포는
단지 오래된 편견일 뿐이라는
사실이 밝혀졌죠.

Mono Sodium Glutamate, 글루탐산나트륨
● Malpighi

어쨌든 개인적으로 약간의 위험은 먹는 즐거움의 일부라고 생각해요.

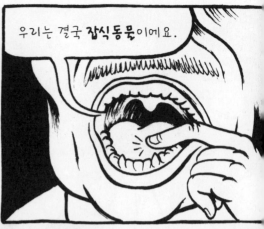

우리는 결국 **잡식동물**이에요.

매일 똑같은 잎사귀만 먹는 코알라처럼 살 수 없죠.

그게 뭐 어때서?

새로운 음식을 향한 끝없는 열망으로 우리는 이국적인 양념과 새로운 맛을 찾아 전 세계를 여행하죠.

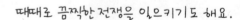

음식은 종종 멀리 떨어진 문명을 이어 주기도 하고,   때때로 끔찍한 전쟁을 일으키기도 해요.

그렇고말고요.
예를 들어
이 **고추**를 봐요.

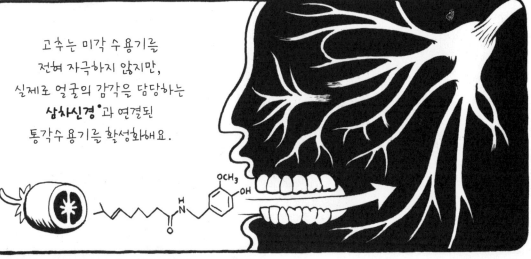

고추는 미각 수용기를
전혀 자극하지 않지만,
실제로 얼굴의 감각을 담당하는
삼차신경*과 연결된
통각수용기를 활성화해요.

왜냐하면 고추에는
매운 맛을 내는 **캡사이신**이라는
분자가 있기 때문이에요.
신경세포까지 도달해서
활성화하는
지용성 물질이에요.

*우리 몸에 있는 열두 개의 뇌 신경 중 다섯 번째 뇌 신경. 크게 눈, 위턱, 아래턱 신경으로 갈라지므로 삼차신경이라고 한다.— 옮긴이 주

지용성이라서 물은 마셔도 매운 느낌은 가시지 않아요 (캡사이신은 물에 녹지 않으니까요).

하지만 우유 한 잔이면 매운맛은 가라앉지요.

그리고 **박하도** 잊지 말아요.

박하는 '냉감각'을 만들어내는 온도 수용기를 자극해요.

후각
SMELL

● Jean Anthelme Brillat-Savarin, 1755〜1826년.

그리고 잊지 맙시다.
후각은 코로 들어오는 분자뿐만 아니라

입안의 맛있는 음식에서 나오는
분자도 감지합니다.

영장류는 주둥이를 잃었지만(아마도 후각보다 시야를 선호하는 진화적 압력 때문일 거예요),
우리는 여전히 음식 냄새를 아주 잘 구분하지요.
(우리처럼 호기심 많은 잡식동물에게는 무엇보다 중요한 능력이에요).

들숨
(전비강성 후각*)

날숨
(후비강성 후각**)

Orthonasal smell, 코로 숨을 들이쉴 때 맡는 냄새.—옮긴이 주
● Retronasal smell, 음식을 씹고 삼키면서 맡는 냄새.—옮긴이 주

실제로 우리가 보통 풍미라고 부르는 것은 미각이라는 기둥 위에 코가 지어놓은 멋진 궁전이에요.

우리는 좀처럼 후각의 중요성을 느끼지 못하지만, 냄새를 못 맡는다면 먹는 일은 아주 재미없는 경험이 되고 말아요. 모든 과일이 그냥 '단맛'이고, 초콜릿이 그저 '쓴맛'이 난다면 어떨지 생각해봐요.

그래, 그래…… 아무튼, 중요한 사실은 개는 인간보다 훨씬 미묘한 차이점을 분간하고 약한 냄새도 맡을 수 있다는 거지. 나는 어떤 사람이 떠나고 며칠이 지나서도 그 흔적을 찾을 수 있다고.

결국 수용기 수가 관건이야.

인간은 수용기 종류가 400개에 불과하지만, 우리 개는 무려 1000개가 넘는다고.

비강의 점액 아랫부분을 봐.

주 참고.

화학 수용기 대부분은 열쇠와
자물쇠처럼 작동해요. 각 열쇠(분자)마다
맞는 자물쇠(수용기)가 있지요.

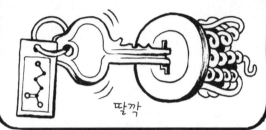

딸깍

후세포는 분자의 형태를
인지하는 것 같아요. 그래서 형태가 비슷한
여러 분자에 반응해요.

리처드 액설••과 나는
이러한 수용기를 수백 개 발견했어요.
각 수용기는 여러 가지 냄새로
활성화합니다.

그리고 각각의 냄새 분자는 여러
다른 수용기도 활성화하지요.

• Linda Buck, 1947년~
•• Richard Axel, 1946년~

그러므로 냄새는 (색깔이나 소리처럼) 명확한 도표나 유형이란 것이 없어요. 냄새에 대한 특별한 용어 자체가 굉장히 드물고 결국 비유적 표현으로 냄새를 묘사해요. "이 냄새는 마치 다른 무언가 같아……."

너희 원숭이들은 언제나 사물을 유형으로 나누려고 하지.

그냥 코에 맡겨봐. 이성적인 기관은 아니야. **기억**과 **감정**의 언어로 이야기하거든.

난 잃어버린 기억을 찾고 있어요.
절 좀 도와주시겠습니까?

이봐요, 잠깐만요. 여긴 어디죠?
여기서 어떻게 나가나요?

여기는 **후구***예요.
(**사구체**** 라고 하는) 많은 신경핵으로 이루어져 있고,
각각의 핵은 같은 수용기를 품은
비강의 모든 세포에서 정보를 수집해요.

● Olfactory bulb
●● Glomerulus

뇌 쪽

사구체
후각 세포

주 참고.

흠, 아무래도 기억을 찾는 일은
쉽지 않겠어요.

내가 한번 맡아볼게.

킁킁
킁킁

킁킁

따라와.

콩브레는 어린 시절 그가 놀러 갔던, 친척 레오니 아주머니가 살던 동네야.
아주머니는 어린 그에게 아까 우리가 봤던 차와 쿠키를 주셨던 거지.

● Combray, 마르셀 프루스트의 소설 『잃어버린 시간을 찾아서』에 나오는 마을이다.—옮긴이 주

우아, 냄새만 맡고도 그렇게 많은 정보를 얻을 수 있어?

물론이지! 너희 인간도 할 수 있어. 의식하지 않지만 말이지.

그래서 상대방이 말해주지 않아도 슬프거나 겁에 질렸는지 알 수 있는 거야!

하지만 어떻게?

다 **페로몬** 덕분이지.

페로몬은 가장 오래된 의사소통의 한 형태라고.

잠깐만요, 멍멍이 양반.

페로몬 이야기만 나오면 **앙리 파브르**가 갑자기 나타나지.

대부분 동물이 페로몬을 만들어내지만, 페로몬은 **서골비 기관**에서 느낄 수 있어요. 인간은 서골비 기관이 잘 발달하지 않았습니다.

으, 난 당신 같이 허세 부리는 유인원한테 질렸어!

어떻게든 너희는 늘 특별하다고 생각하지. 인간에게 페로몬이 없다면 왜 그렇게 많은 돈과 시간을 써가며 식물의 기름을 뿌리냔 말이야?

● Vomeronasal system, 포유류의 두 번째 후각기관. 동물들이 서로 의사소통하기 위해, 특히 성(性)적인 신호를 주고받기 위해 남겨둔 페로몬을 탐지한다. 그래서 '성적인 코'라고도 불린다. — 감수자 주

●● Jean Henri Fabre, 1823~1915년.

청각
HEARING

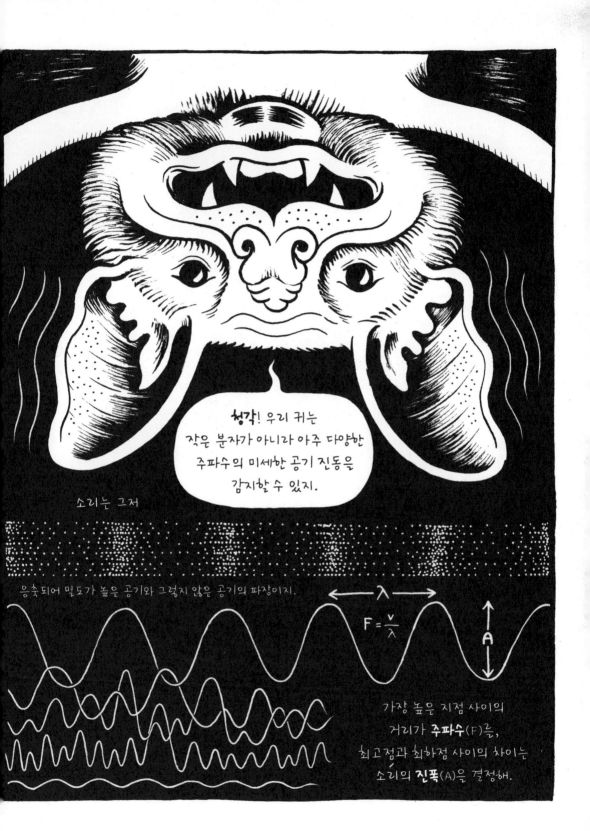

● Alfonso Giacomo Gaspare Corti, 1822~1876년.

주 참고.

따라오시죠.

어쩌면 이쪽으로……

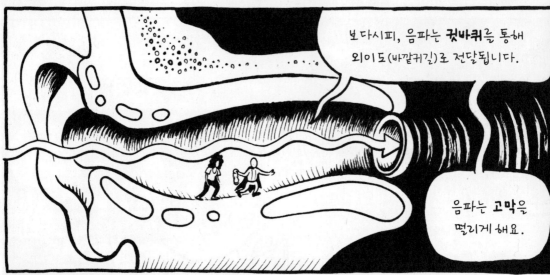

보다시피, 음파는 **귓바퀴**을 통해 외이도(바깥귓길)로 전달됩니다.

음파는 **고막**을 떨리게 해요.

• 내이(속귀)의 달팽이관 속에 있는데, 소리를 느끼는 복잡한 세포 구조가 있는 매우 민감한 감각기관이다.—옮긴이 주

오, 마침 새로운 진동이 느껴지네요!
누군가 당신의 이름을 부르고 있군요.

어서요! 무슨 소리인지
듣고 싶지 않나요?

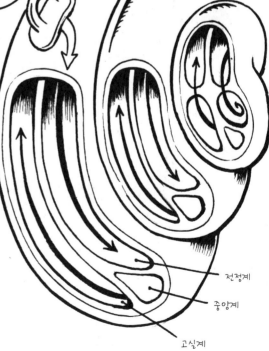

여길 봐요. 달팽이관 안에서
뼈의 진동은 3개의 방으로 나뉜
나선형 관을 채우는
액체로 전송됩니다.

전정계

중앙계

고실계

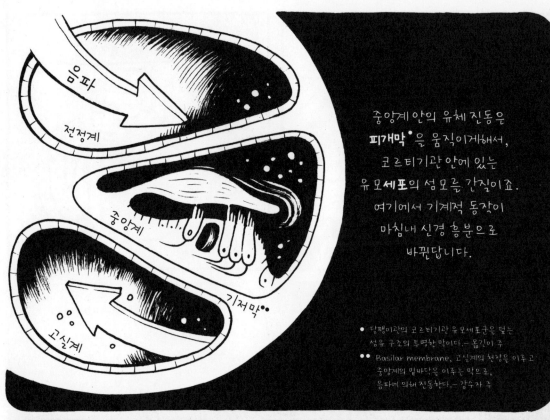

음파

전정계

중앙계

기저막**

고실계

중앙계 안의 유체 진동은
피개막*을 움직이게해서,
코르티기관 안에 있는
유모세포의 섬모를 간질이죠.
여기에서 기계적 동작이
마침내 신경 흥분으로
바뀐답니다.

* 달팽이관의 코르티기관 유모세포군을 덮는
  섬유 구조의 투명한 막이다.— 옮긴이 주
** Basilar membrane, 고실계의 천장을 이루고
   중앙계의 밑바닥을 이루는 막으로,
   음파에 의해 진동한다.— 감수자 주

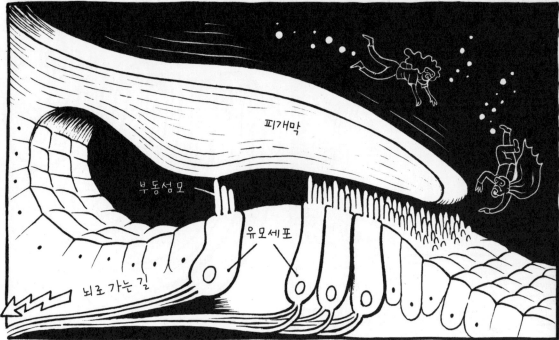

피개막

부동섬모

유모세포

뇌로 가는 길

● Depolarization, 뉴런의 내부는 외부에 비하여 음전하를 띠고 있다. 이를 분극화(Polarization)되어 있다고 한다. 입력이 들어와 세포 내부의 전하가 양전하를 향하여 올라가는 것을 탈분극이라 한다. — 감수자 주

오, 여기가 가장 기발한 부분이에요. 인설에는 한쪽 끝의 기저막이 다른 쪽보다 더 두꺼우므로 특정 주파수 대역에 더 진동한다고 합니다. 달팽이관의 나선 상에 있는 다른 청각세포는 다른 진동에 흥분하는 거죠 (본질적으로 소리의 주파수를 기저막이라는 공간에 지도화하는 방법이지요).

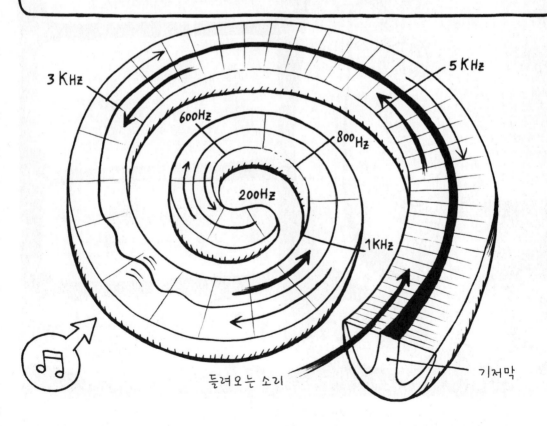

저주파(저음)는 나선 끝의 기저막에서,
고주파(고음)는 나선의 시작 부분,
즉 고막과 가까운 기저막에서 공명해요.
피아노 건반처럼 말이죠.

아, 아름다운 체계예요.
그리고 그 '도'는 정말이지 완벽해요!

오호, 어떻게 '도'라는 걸
알았지요?

당신은
절대음감이 있는 게
틀림없어요!

절대음감이 뭐죠?

아, 모두가 동의하는 건 아니지만……, 말하는 능력은 부분적으로 좌뇌의
아주 특정한 영역(**브로카 영역**)과 관련이 있습니다.
우뇌는 음악을 관장하는 작업에 관여하는 듯해요.

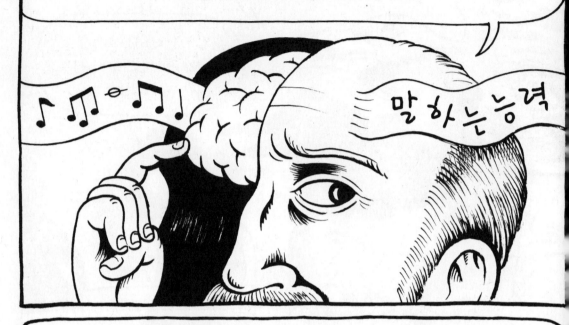

그러므로 브로카 영역이 손상되어 말하는 능력을 잃어버린
실어증 환자에게 음악 치료가 도움이 될 수 있어요.
(다른 정보와 마찬가지로) 이야기는 음악과 함께 들으면
기억하기 쉽거든요.

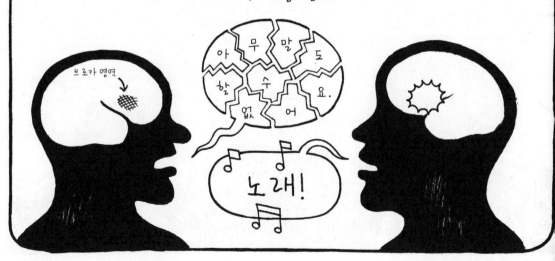

주 참고.

주 참고.

이른테면 내 친구 **이고르 스트라빈스키****를 봐요.
그는 발레곡을 작곡했는데, 너무나 새로운 나머지 동시대 사람들은
도저히 들을 수 없을 정도였어요. 한참 뒤에 사람들은 숨겨진 선율을 발견했고,
30년이 지난 후에는 만화에도 사용되었답니다.

* Devil's interval, 파와 시 사이 세 개의 온음으로 이루어진 선율. 듣는 이를 불편하게 한다고 하여 중세 유럽에서 금기시되었다.— 감수자 주
** Igor Stravinsky, 1882~1971년.

109

우리가 일상에서 쓰는 언어도
강력한 음악적 요소를 이용해서 감정을 전달하지.
아가에게 말하는 엄마의 말투를 생각해봐.

엄마가 발음하는 단어가 아가에게는 아무런 의미도 없지만,
신생아의 뇌는 소리의 패턴을 '이해'할 수 있어.

아가가 칭찬받을 때와 혼날 때의 차이점을 말하는 거야.

이런 패턴들은 여러 문화권에서
놀라울 정도로 비슷하므로
유전적 요소가 있는 것이 틀림없어.

주 참고.

주 참고. ● George Wald, 1906년~1997년.

시각
VISION

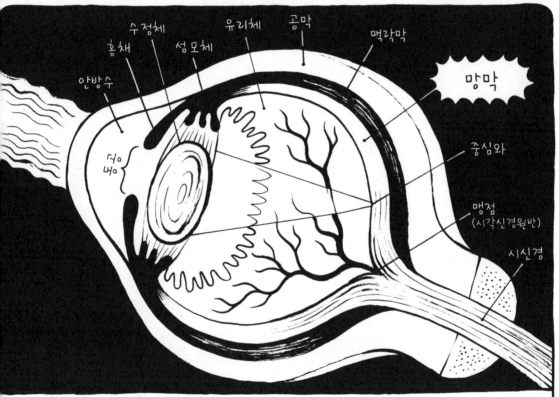

망막은 눈 아랫부분에 있어요.
동공을 통해 들어온 빛으로 **수정체**가 초점을 맞추는 곳이지요.
엄밀히 말하면 중추신경계의 일부예요.
다른 어떤 감각보다 뇌와 밀접하게 관련되어 있지요.

사실 망막이 빛의 세기만 감지하는 건 아니에요.
빛이 시신경에 도달하기 전에 망막 자체에서
복잡한 활동이 바로 일어난답니다.

빛

우선 아래쪽부터 시작해봅시다.
척추동물의 망막은 위아래가
뒤집혀 있거든요
(훨씬 지능적인 디자인이죠)!

신경절세포층

양극세포층

수용기

여기 아래에 달린
친구들은
원추세포와
간상세포라고 합니다.
광수용기예요.
빛을 감지하는
세포입니다.

원추세포와 간상세포는 다른 수용기처럼
전류를 만들어내는 수용기와 함께 활동합니다.
차이점이라면 이러한 수용기들은 화학이나
기계적 자극에 반응하지 않고,
광자에 직접 반응한다는 사실이에요.

123

물리학 영역으로 넘어가지 않고 설명하기란 쉬운 일은 아니에요. 하지만 광자가 원추세포나 간상세포 같은 친구들과 부딪치면 '경보'가 울리게 되고, 평소 광수용기로 흘러 들어오던 전류가 차단된다는 이야기만 해도 충분할 거예요.

원반

조둡신

Na⁺

그래, 맞아요. 전류를 차단해줘요! 광수용기는 어둠을 굉장히 좋아하죠.

하지만 강렬한 빛은 별로 좋아하지 않아요.

● 태양 빛처럼 각 파장의 빛이 적당한 비율로 합쳐진 빛.—옮긴이 주

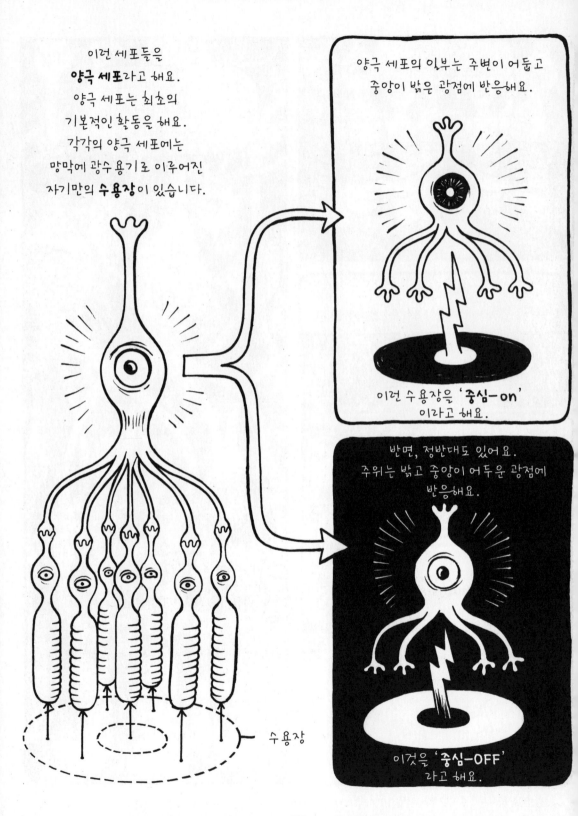

이런 세포들을
양극 세포라고 해요.
양극 세포는 최소의
기본적인 활동을 해요.
각각의 양극 세포에는
망막에 광수용기로 이루어진
자기만의 **수용장**이 있습니다.

수용장

양극 세포의 일부는 주변이 어둡고
중앙이 밝은 광점에 반응해요.

이런 수용장을 '중심-on'
이라고 해요.

반면, 정반대도 있어요.
주위는 밝고 중앙이 어두운 광점에
반응해요.

이것을 '중심-OFF'
라고 해요.

이러한 현상은 **아마크린 세포**[*](광수용기와 양극 세포 사이에 있어요)의 영향을 받는 외측 억제때문에 발생해요. 아마크린 세포에서 주변부의 간상세포와 중심부의 간상세포가 서로 경쟁하는 거예요.

그래서 전체가 다 어둡거나 밝은 상황에서는 주변부와 중심부에서 오는 흥분이 서로 상쇄되지요.

그 결과 양극 세포를 흥분시키지 못하죠 (즉, 대비가 없으면 양극 세포는 반응하지 않지요).

---

* Amacrine cell, 원서에서는 이 세포를 수평 세포(Horizontal cell)로 밝혔으나, 여기에서 언급하는 모든 내용은 아마크린 세포가 하는 일이다.—감수자 주

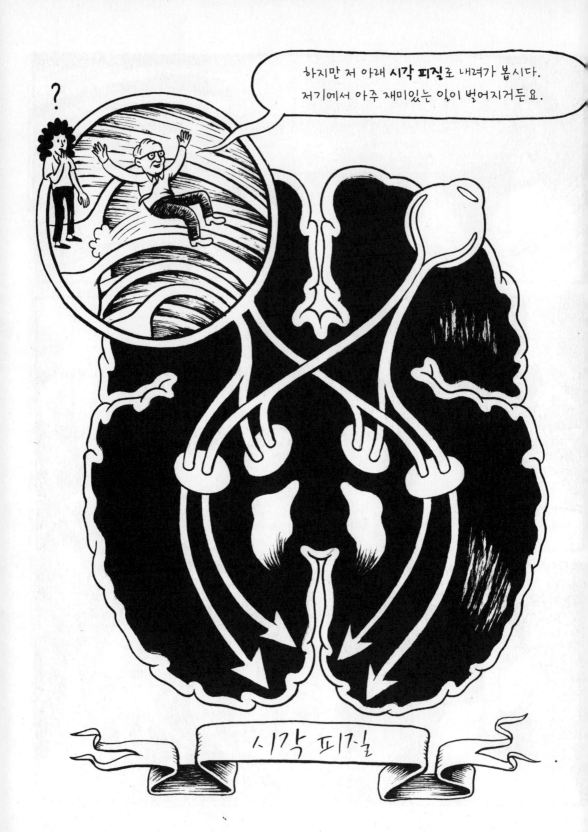

자, 여기예요.

시각 피질 안이죠.

현재 위치

지금까지 시각 세포에는 중심-ON이나 중심-OFF 형태의 수용장이 있었죠.

이거 점점 지주해지는데요. 수용장은 여기저기 다 있는 건가요?

좀 참고 들어봐요.

1960년대에 허블*과 비셀**도 그 질문의 답을 찾고 싶어 했죠.

• David Hunter Hubel, 1926년~
•• Torsten Nills Wiesel, 1924년~

두 과학자는 고양이의 시각 경로를 따라 수용장을 연구했는데,
1차 시각 피질(V1)의 어떤 층에서 갑자기 아무런 반응도 얻을 수 없었어요.

그때 우연히 화면 위의
슬라이드를 바꾸었을 때,

어떤 신경세포(뉴런)들이 격렬하게
반응한다는 사실을 발견했죠.

두 사람은 마침내 이 세포들이 선호하는 자극이 점이 아니라 **막대기** 형태라는 사실을 알아냈어요.
막대기 형태의 수용장은 많은 점 형태의 수용장으로 구성된 거예요.

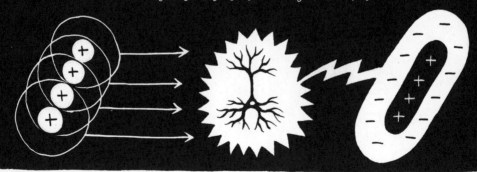

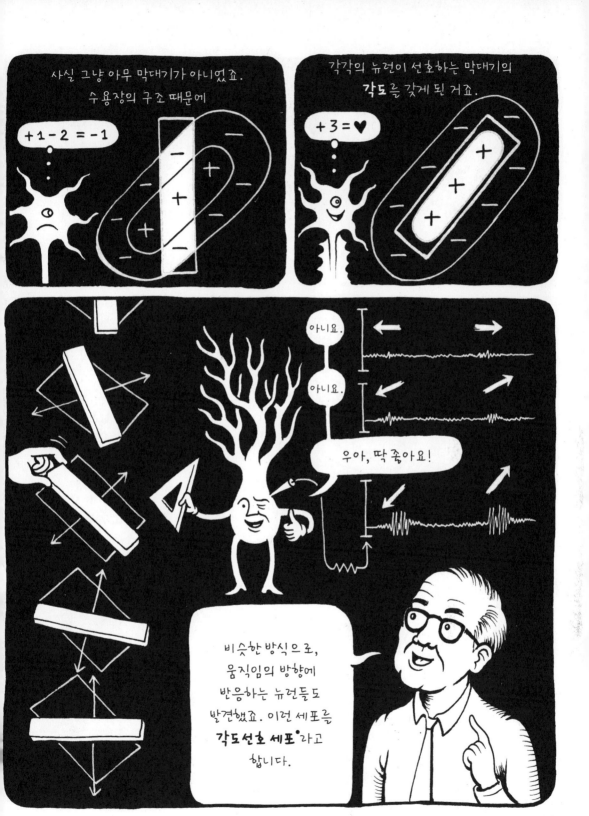

● 각도선호 세포 중 일부만이 운동방향 신호를 보낸다. 각도선호(Orientation selection)와 운동방향 선호(Direction selectivity)는 독립적인 속성이다.— 감수자 주

그리고 고차 시각 피질에는
움직임의 **속도**, 공간의 **깊이**,
형태와 **얼굴**같이
점점 더 복잡해지는 특징에
반응하는 뉴런들이 있어요.

V7
V3
V4
V2

과학자들이 이제 막
이 영역을 연구하기
시작했답니다.

주 참고.

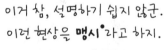

나는 앞을 볼 수 없어. 왜냐하면 나는 보고 있다는 사실을 의식하지 못하니까.

하지만 누군가 나에게, 이를테면 화면에 나타난 기호가 어떤 모양인지 묻는다면……,

ㅇ?

맹시 환자는 우연에 의한 것보다 훨씬 더 잘 맞힐 수 있지. 눈으로 들어온 정보를 여전히 뇌에서 이용할 수 있다는 뜻이야.

X?

오답

정답

정확한 위치는 알 수 없지만, 시각 피질에 도착하기 전에 시신경이 두 부분으로 갈라져. **한쪽은 외측슬상체**°(1)라고 불리는 시상으로 가는데, 시상은 시각 피질로 정보를 보내고 의식적 지각을 할 때 필요하지.

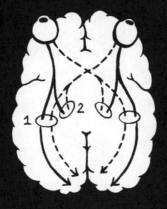

하지만 다른 쪽은 **상구**°°(2)라고 불리는 다른 영역으로 가는데, 형태나 움직임의 속도 같은 기본적인 정보가 의식되지 않고 처리되는 곳이야.

° Lateral-geniculate nuclei
°° Superior colliculus

138

굉장히 흥미로운데요. 우리가 실제 얼마나 자신이
지각한 걸 의식하는지 궁금해요.

대단치 않을 거야. 뇌의 숲속에서는 보이지 않는
곳에서 많은 일이 일어나지.

아무튼 망막에 도착했어.

나는 실제로 아무것도 볼 수 없는 것 같아.
아까 이야기했듯이……

맞아요! 고마워요.

그리고 여기 내가 좋아하는 세포들이 있군.

원추세포!

알다시피 대부분 야행성 동물에게 백색광을 보는 일은 부담스러운 일이죠.

하지만 우리나 헬렌 같은 영장류가 더 복잡한 특징을 구분하는 데 백색광은 중요한 역할을 해요.

마치 푸른 초목 속의 붉은 열매를 볼 때처럼 말이에요.

우리에게 각기 다른
파장 대역에 민감한
감광단백질을 가진
세 가지 종류의 원추세포가
있기에 가능하죠.

단파장(파란색)
중파장(초록색)
장파장(빨간색)

파장이요?

네, 우리가 빛을
다른 색깔로 인식하는 건
단지 전자기파의 주파수가
다르기 때문이에요.

주기(nm, 나노미터)   주파수 = $\frac{1}{\lambda}$ (Hz, 헤르츠)

파란색 = 450~490나노미터

초록색 = 490~570나노미터

빨간색 = 620~750나노미터

감마선

엑스선

자외선

가시광선

적외선

전파

< 0.1 nm
1 nm
10 nm
100 nm
1 μm
10 μm
100 μm
1 mm
1 cm
10 m
100 m
1 km >

우리가 보는 색깔은 대기를 통과한 전자기파 스펙트럼의
작은 일부일 뿐이에요(전파도 그렇고요). 우리 눈은
'**광학 창**'이라는 범위 내의 파장을 감지하는 데 완벽하게 적응했어요.

● Optical window

포유류는 편광을 중요하게 생각하지 않아요.
우리 조상은 풀숲을 배경으로 포식자나 먹잇감을 재빨리 포착해야 했어요.
우리의 시력이 높은 해상도로 진화한 것은 바로 이 때문이죠.

반면에 심해에 사는 물고기는 여러 색을 볼 필요가 없어요.
파란색 파장만이 물이라는 두꺼운 필터를 통과할 수 있기 때문이에요.
하지만 물고기가 바닥의 표면을 구별하는 데 편광은 굉장히 중요한 역할을 해요.

여담이지만, 그래서 멀리 있는 산이 푸르게 보입니다.
두꺼운 대기층을 통해서 보기 때문이죠.

EPILOGUE
에필로그

당신 전기 충격을 받았어요. 그래서 한동안 정신을 잃었죠. 기분이 어때요?

다이앤?

난 괜찮아, 난 그냥…… 난 내가 가상현실 속에 있다고 생각했어. 그러다 생각난 게……

네 걱정을 얼마나 했는지 몰라!

걱정 마, 깨어났잖아.

나 사실 최고로 멋진 것을 봤어!

생각해봐요. (혼수상태에 빠지거나 단순히 잠들었을 때처럼)
뇌가 육체와 연결이 끊기면, 우리는
'의식을 잃었다'라고 합니다.

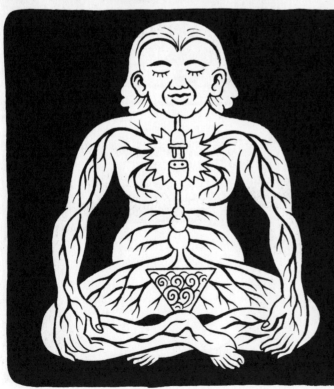

따라서 우리가 정말로
의식의 정확한 위치를
찾고자 한다면,
아마도 육체와 신경계 사이
연결 부위에 있을 겁니다.

아무리 새로운 기술이 있다 하더라도 우리는 몸이란 한계를 결코 벗어날 수 없을 겁니다.

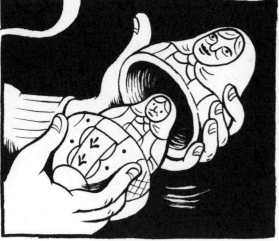

때때로 몸을 그저 껍데기 취급하는 경향이 있어요. 우리의 정신(우리의 '진짜' 자아)이 깃드는 임시 거처로 말이에요.

하지만 사실 몸은 그 이상의 의미에요. 우리의 사고방식을 결정하거든요.

주 참고.

'정상적'으로 감정적 반응을
못 하는 환자를 연구한 결과를 보면,
우리의 몸을 통해 들어오는
모든 정보와 '감각들'이 사고 과정의
구성 요소라는 생각이 듭니다.

무의식적이거나 의식 이면에
남아 있다 하더라도 감각 덕분에
심지어 가장 관념적인 추론도 할 수 있죠.

순수하게 '정신적인'관념은 없습니다.

우리 육체와 관련된 관념만 있을 뿐이죠.

오늘 하루 쉬는 건 어떨까?

지금 우리가 함께하는 완벽하게 멋진 현실로 돌아가는 건 어때?

그래, 당분간 그래야겠어. 너무 많은 시간을 머릿속에서만 보냈어. 이번 일을 겪고 나니 살아있다는 게 정말 기뻐!

아, 드디어!

22쪽 티퍼니 필드(Tiffany Field)의 연구를 참조했다. 그녀는 1986년에 미숙아가 발달하는 데 마사지 요법의 중요성을 입증한 최초의 논문을 발표했다. 그전에 미숙아는 대개 인큐베이터에 격리했다.

24쪽 영국의 수중 생물학자 알리스테어 하디(Alister Hardy)가 최초로 제안하고, 1970년대에 작가 일레인 모건(Elaine Morgan)이 대중화한 수중 유인원 가설을 참조했다. 과학계는 이 가설의 물리적 증거가 부족하다고 판단했지만, 어떤 이유에서인지 대중의 상상력을 자극했다.

45쪽 이 인물은 미세 해부학의 선구자인 이탈리아의 과학자 마르첼로 말피기(Marcello Malpighi, 1628~1694년)에게 영감을 받았다. 말피기는 미뢰(또는 그가 불렀던 대로 맛돌기)를 포함한 많은 미세구조를 최초로 기술했다.

51쪽 실제 탄산수의 이산화탄소나 지방 분자에 반응하는 새로운 맛 수용기가 발견되어 맛의 전통적인 정의에 도전장을 던지고 있다. 이들 수용기는 혀뿐만 아니라 여러 소화기에서 발견되었다.

69쪽 개에게 후각 수용기 유전자가 더 많다는 것은 사실이지만, 수용기의 개수가 반드시 후각을 식별하는 지표가 되진 않는다. 흥미롭게도, 포터와 동료에 의하면(Porter, 〈네이처 뉴로사이언스(Nature Neuroscience)〉, 2007) 실제 인간도 냄새가 풍부한 땅에 코를 가까이 대면 개만큼이나 냄새로 추적을 잘한다.

70쪽 린다 벅은 컬럼비아 대학교(Columbia University) 리처드 액셀의 실험실에서 연구를 하다가, 포유류의 후각 수용기의 유전자군을 처음으로 발견했다. 이 발견으로 두 사람은 2004년 노벨 생리·의학상을 수상했다.

74쪽 이 인물은 당연히 프랑스 작가 마르셀 프루스트(Marcel Proust, 1871~1922년)다. 그는 일곱 권이나 되는 기념비적 소설 『잃어버린 시간을 찾아서(A la recherche du temps perdu)』를 썼는데, 마들렌의 맛과 향이 불러일으키는 어린 시절의 잊을 수 없는 기억을 떠올리는 구절이 가장 많이 인용된다(조나 레러(Jonah Lehrer)의 『프루스트는 신경과학자였다(Proust was a Neuroscientist)』 참조).

76쪽 이 인물은 후각 인지 분야에서 활동하는 저명한 신경과학자 고든 셰퍼드(Gordon Shepherd, 1933년~)에게 영감을 받았다. 그는 이 장 내용의 바탕이 되는 주요 정보의 원천이라고 할 수 있는 『신경 미식(Neurogastronomy)』이란 책을 집필했다.

95쪽 알폰소 코르티(1822~1876년)는 이탈리아의 조직학자이며, 최초로 인간과 다른 동물의 달팽이관 구조를 연구했다.

106쪽 음악적 지각과 언어와의 관계라는 아주 흥미로운 주제를 연구했던 심리학자 다이애나 도이치(Diana Deutsch)의 저작을 참고했다.

108쪽 여기 나타난 악마는 미국의 작곡가이자 음악평론가인 존 케이지(John Cage, 1912~1992년)의 모습을 하고 있다. 4분 33초 동안 연주자들이 연주하지 않아서 관객들이 주변의 소리에 귀를 기울이게 만드는 곡 〈4분 33초〉로 유명하다.

111쪽 앤 퍼널드(Anne Fernald)의 '아기 말투(유아어 혹은 아기 말이라고도 한다)의 보편성'에 관한 저작을 참고했다.

114쪽 조지 월드는 처음으로 망막의 색소와 그 색소가 선호하는 빛의 파장을 식별한 미국의 과학자다. 이 연구로 1967년 홀던 케퍼 하틀라인(Haldan Keffer Hartline)과 랑나르 아르투르 그라니트(Ragnar Arthur Granit)와 함께 노벨 생리·의학상을 받았다.

134쪽 정체와 위치 파악에 관여하는 시각 경로가 구분된다. 시각 체계의 배측 경로는 시야에서 사물의 '위치'를 파악하며, 움직임과 깊이감을 처리한다. 복측 경로는 사물의 '정체'에 관한 정보, 즉 형태, 종류, 색깔, 그리고 얼굴의 재인에 관한 정보를 처리한다.

151쪽 파티에 참석한 손님들은 역사적인 철학가들에게 영감을 받아서 그렸고, 그들은 몸소 자신의 철학을 주장한다. 우리가 차례로 만나는 인물은 다음과 같다. 르네 데카르트(René Descartes, 1596~1650년)는 프랑스의 철학자로 과학혁명의 핵심 인물이었다. 그는 영혼이 비물질이기에 과학적 탐구의 대상이 아니라고 주장하여, 서양 문화에서 정신과 육체를 분리했다. 월트 휘트먼(Walt Whitman, 1819~1892년)은 작품을 많이 남긴 미국의 시인인데, 자신의 작품에서 범신론적인 견해를 종종 피력했고, 몸과 영혼이 분리되어 있다는 생각을 거부했다. 윌리엄 제임스(William James, 1842~1910년)는 근대 심리학의 아버지로 알려진 실용주의 철학자이다.

156쪽 두 사람은 감정이 인지와 의사 결정에 핵심적 역할을 한다는 내용으로 연구를 진행했던 신경과학자 안토니오(Antonio)와 한나 다마지오(Hanna Damasio)에게 영감을 받았다. 그들의 관점과 임상 사례(피니어스 게이지(Phineas Gage)의 역사적 사례)는 안토니오 다마지오의 책 『데카르트의 실수(Descartes' Error)』에서 소개되었다.

이 책이 오감이라는 전통적인 분류를 따르고 있지만, 감각과 감각 사이의 구분은 계속해서 도전을 받고 있으며 다시 정의되고 있다(이를테면 우리의 평형감각은 그 감각을 관장하는 기관이 있는데, 이 분야를 따로 논의해야 할 것이다). 공감각의 극단까지 도달하지 않아도 감각이 모두 상호작용하고, 서로 영향을 미친다는 사실은 분명하다. 하나의 감각이 기능을 못 하면, 감각이 재배치되거나 다른 감각으로 대체된다. 자연에는 (예를 들면 많은 물고기에서 볼 수 있는 전기 수용기처럼) 여러 가지 다양한 감각이 존재하고, 새로운 감각은 우리가 기술적으로 접근한다면 새로이 추가될 것이다(이 분야는 대니얼 이글먼(Daniel Eagleman)의 흥미로운 저작을 참고하라). 하지만 이런 이야기는 다른 책에서 다루어야 하겠다.

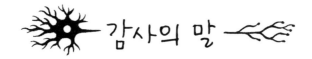

감사의 말

이 원고의 초안에 소중한 의견을 제시해준 패멀라 파커(Pamela Parker), 엘리사 필레비치(Elisa Filevich), 돈 콜린스(Dawn Collins), 앤 소피 바위치(Ann-Sophie Barwich), 앤드루 골드먼(Andrew Goldman), 노리 저코비(Nori Jacoby), 카멜 라즈(Carmel Raz)에게 고마운 마음을 전한다. 또한 이 원고가 한 권의 책으로 나올 수 있도록 도와준 편집자 해리엇 버킨쇼(Harriet Birkinshaw)와 노브로우(Nobrow) 출판사에 감사한다.

그래픽 로직 009

더 센스
: 뇌신경과학자의 감각 탐험기

초판 1쇄 발행 2017년 12월 1일
초판 2쇄 발행 2017년 12월 27일

글·그림 마테오 파리넬라
옮긴이 황승구
감수자 정수영
펴낸이 윤미정

책임편집 차언조
책임교정 김계영
홍보 마케팅 이민영
디자인 엄세희

펴낸곳 푸른지식 | 출판등록 제2011-000056호 2010년 3월 10일
주소 서울특별시 마포구 월드컵북로 16길 41 2층
전화 02)312-2656 | 팩스 02)312-2654
이메일 dreams@greenknowledge.co.kr
블로그 greenknow.blog.me
ISBN 979-11-88370-05-4 03400

이 책의 한국어판 저작권은 신원에이전시를 통해 저작권자와 독점 계약한 푸른지식에 있습니다.
저작권법에 의하여 한국 내에서 보호를 받는 저작물이므로 무단전재와 복제를 금합니다.
이 책 내용의 전부 또는 일부를 이용하려면 반드시 저작권자와 푸른지식의
서면 동의를 받아야 합니다.

* 잘못된 책은 바꾸어 드립니다.
* 책값은 뒤표지에 있습니다.

이 도서의 국립중앙도서관 출판시도서목록(CIP)은
서지정보유통지원시스템 홈페이지(http://seoji.nl.go.kr)와
국가자료공동목록시스템(http://www.nl.go.kr/kolisnet)에서
이용하실 수 있습니다. (CIP제어번호: CIP2017029412)